INSTRUCTIONS

SUR LE

BLANCHISSAGE

DES TOILES

DE CHANVRE

ET DE LIN.

Par M. Lavoisier.

INSTRUCTIONS

Sur le blanchiſſage des Toiles de Chanvre & de Lin.

ARTICLE PREMIER.

Il faut, ſans altérer les toiles, faire ſortir du chanvre ou du lin dont elles ſont compoſées, les matieres qui empêchent que les fils ſoient blancs.

II.

Ces matieres ſont une *huile* naturelle à ces végétaux, la *ſa-live* dont les fileuſes ont impré-gné leurs fils, la *colle* ou l'*empois*, & le *ſuif* ou la *graiſſe* dont on enduit la chaîne dans le cours de la fabrication de la toile.

N^a. *Si le Tisserand a employé des fils lessivés, comme il arrive le plus souvent, ils ne contiennent plus de salive.*

I I I.

On doit chercher à enlever la *graisse*, la *colle*, la *salive* & l'*huile*, dans l'ordre où elles sont comme posées l'une sur l'autre.

I V.

On emploie à cet effet de l'eau, des cendres & souvent encore d'autres ingrédients.

V.

L'eau où le savon battu se caille au lieu de monter en écu—me est mauvaise; l'eau que l'huile de tartre rend laiteuse ou lou—

che, n'eſt pas bonne, quoiqu'elle mouſſe avec le ſavon. Ces eaux pourroient être corrigées en y mêlant des cendres, puis donnant un bouillon, laiſſant refroidir, & tirant à clair. L'eau que l'huile de tartre ne trouble pas, qui mouſſe facilement & beaucoup avec le ſavon, eſt la meilleure ; c'eſt la ſeule à employer.

VI.

En général, les cendres des végétaux ſont propres aux leſſives par les *alcalis* (1) qu'elles contiennent ; les unes plus, les autres moins.

(1) C'eſt le nom que l'on donne aux ſels des Cendres, & qui font la force des Leſſives.

VII.

On eſſaie la force ou intenſité des cendres, en plongeant des boules de cire égales dans des leſſives faites avec quantités égales de ces cendres & d'eau ; plus la leſſive eſt foible, plus la boule enfonce.

VIII.

On eſſaie encore les cendres avec une liqueur *acide* que l'on compoſe d'une partie d'*acide* (1) *nitreux* & de ſix d'eau : on prend quantités égales de chacune des leſſives que l'on veut éprouver , & on y verſe des cuillerées (2) bien meſurées de la liqueur acide, juſqu'à ce qu'il ne ſe faſſe plus d'*effervefcence*, ou bouillonnement. La leſſive la plus forte a exigé plus d'acide pour être *faturée*, c'eſt – à – dire , pour ne plus bouillonner.

(1) L'acide nitreux s'appelle auſſi *eau forte*; mais il y a pluſieurs eſpeces de liqueurs que l'on nomme *eaux fortes*.

(2) Il faut préférer d'employer des cuillers de bois.

IX.

Ces deux épreuves ſont ſujettes à erreur. La premiere , parce que les cendres peuvent être chargées d'une terre fine & pe-

(7)

ſante , dépourvue de toute qua‑
lité *lixivielle* ; la ſeconde , parce
que les cendres peuvent être
chargées de matieres qui , ſans
être *alcalines* , fermentent avec
les acides.

X.

Le ſeul vrai moyen de bien
connoître les cendres , c’eſt de
les employer.

X I.

Si l’on oſe tenter de ſe ſervir
d’huile de vitriol ou de chaux ,
comme dans quelques Blanchiſ‑
ſeries célebres , ce doit être avec
la plus grande circonſpection :
jamais on n’évitera d’altérer la
qualité des toiles , ſi on met de
la chaux en pierre dans le bain
de la leſſive.

X I I.

La premiere opération du blan‑

A iv

chiffage eft de mettre les toiles dans un cuvier avec fuffifante quantité d'eau tiede pour les tremper. On les y maintient avec des planches chargées , ou un couvercle fixé.

X·III.

L'eau fait fondre le fuif par la chaleur, & la colle par fa fluidi-té. L'acidité de la colle & la cha-leur produifent dans le bain une légere *fermentation* (1) ; il fe dégage des bulles d'air & il fe forme de l'écume.

(1) C'eft un mouve-ment inté-rieur.

X I V.

La *fermentation* continue, aug-mente, les petites bulles écumeu-fes fe multiplient , & s'enflent jufqu'à crever.

X V.

Quand l'écume s'abat , il eft

témps de retirer les toiles & de les laver, parce que la *fermentation* est cessée ; tout le bien que l'on pouvoit espérer de cette opération est fait.

X V I.

Si on laissoit plus long-temps les toiles dans le cuvier, les matieres dont on les a purgées se précipiteroient & se fixeroient d'une maniere plus tenace. La *fermentation* tumultueuse & *acide* cessée, se reproduisant dans un degré plus fâcheux, occasionneroit corruption & *putridité*.

X V I I.

Au lieu d'eau pure & tiede, on a quelquefois conseillé d'employer à cette *macération* une lessive qui a servi. Elle peut contenir encore quelques sels utiles ; mais la crasse, dont cette lessive vieille eſt chargée , augmente la craſſe que l'on veut expulſer.

X V I I I.

En retirant les toiles du cuvier, on les bat pendant quelques mi‑nutes, ou au moulin ou à la main, dans une eau courante qui em‑porte les parties étrangeres , que la *macération* ci ‑ deſſus pref‑crite a diſpoſé à céder , en dé‑truiſant leur *adhérence* (1) ; enſuite on fait ſécher les toiles ſur le pré.

(1) Adhé‑rence, c'eſt l'union, la jonction.

X I X.

Quand les matieres étrangeres au lin & au chanvre ont été ainſi enlevées de deſſus la toile, il reſte à en extraire l'huile qui eſt une partie conſtituante de ces végé‑taux ; ainſi l'on doit faire une eſ‑pece d'*analyſe* (2) : or il eſt de principe dans le travail *des ana‑*

(2) *Ana‑lyſe ,* c'eſt

lyſes de commencer par employer le feu le plus doux.

X X.

Ce ménagement eſt bien plus néceſſaire encore à garder quand les toiles ſont compoſées de fils qui n'ont reçu aucune leſſive , la matiere huileuſe y eſt plus abondante & plus groſſiere , c'eſt-à-dire plus chargée de terre.

X X I.

Les fils tiſſus ſont bien moins acceſſibles aux effets de la leſſive que les fils en écheveaux , ainſi la toile réſiſte plus.

X X I I.

Dans les leſſives de nos Blanchiſſeries , il ſe fait une *ſaponification* (1) ; les *ſels alcalis* s'y uniſſent à quelque portion de l'huile *inhérente* (2) encore aux fils , & cette union eſt un ſavon.

la décompoſition.

(1) Il ſe compoſe un ſavon.

(2) *Inhérente* , c'eſt-à-dire dans les fils.

XXIII.

Tout savon est miscible à l'eau ; donc, en réitérant des lessives convenables, on emportera toute la matiere *oléagineuse* (1) du chanvre & du lin.

(1) *Oléa-gineuse*, cela veut dire ici une terre hui-leuse.

XXIV.

Si les premieres lessives ont trop d'activité, elles enlevent beaucoup d'huile très - pure ; ce qui demeure est pesant & plus difficile à expulser.

XXV.

La portion d'huile demeurée après celle qui a été trop rapidement extraite, est seule chargée de la terre qui se trouvoit combinée avec la totalité de l'huile. La proportion naturelle entre l'huile & la terre est donc détruite ; la terre s'y trouve avec excès, elle rend l'huile plus pe-

(13)

ſante , plus fixe , plus brune ,
comme une teinture quelconque
prend une nuance plus forte par
l'*évaporation* (1) d'une partie de
ſon liquide.

X X V I.

Au contraire, ſi les leſſives ſont
conduites avec aſſez d'intelligence
& de ſoin, chaque portion d'huile
eſt extraite avec la portion de
terre qui lui eſt combinée natu-
rellement.

X X V I I.

Il eſt évident que dans le cas
de l'article VINGT - CINQ , le
blanchiſſage ne peut être fini
qu'en employant des moyens
plus puiſſants, plus actifs, & par
conſéquent plus dangereux pour
la toile que dans le cas de l'article VINGT-SIX.

XXVIII.

Des lessives très - fortes, des cendres très-*alcalines*, des ingrédients *corrosifs* (1) peuvent servir à blanchir une toile rapidement, mais en brisant ses fibres, en la brûlant.

(1) C'est comme rongeant.

XXIX.

Si l'on n'oublie pas que les lessives ont pour objet de faire une *analyse*, toute lessive sera coulée, à peine tiede en commençant ; on augmentera la chaleur du bain par degrés, en sorte qu'on ne vienne à l'ébullition que vers la fin du jour, puis on laissera refroidir les toiles lentement.

XXX.

Selon les mêmes principes, les premieres lessives doivent être moins chargées de cendres. On

aiguife ces leffives de plus en plus
& fucceffivement jufqu'à ce que
les toiles foient un peu plus qu'à
mi-blanc.

XXXI.

Quand les toiles ont paffé la
moitié du cours de leur blanchiffage, les fils font rendus bien
plus fenfibles à l'action du bain
des leffives ; les toiles veulent un
régime plus doux, ce qui nécef-
fite la diminution de la quantité
de cendres dans les leffives.

XXXII.

On peut affurer qu'un Blanchiffeur travaille mal s'il confond
dans le même cuvier , & pour
être foumifes aux mêmes leffives,
des toiles rouffes, des toiles à mi-
blanc & des toiles prefqu'à fin.

XXXIII.

La variété des cendres ne per-

met pas d'indiquer aucune me-
fure fixe pour déterminer la quantité à en employer.

XXXIV.

Nul Blanchiffeur n'ignore que
les toiles doivent être rangées
dans le cuvier, de façon à ne
laiffer paffer le bain que lentement & également.

XXXV.

Si un mauvais arrangement
des toiles dans le cuvier laiffe des
vides, occafionne quelques pen-
tes, le bain s'y porte, & dans les
parties de toiles moins baignées,
l'huile mife en mouvement ne
trouve pas à s'unir avec affez de
fels. La *faponification* (1), fans
laquelle il n'y auroit pas ici de
blanchiffage, ne fera pas égale,
& la toile demeure brune en di-
verfes parties.

(1) Ce terme veut dire que le mélange des huiles & des fels a produit un favon.

XXXVI.

XXXVI.

Douze heures ne font pas trop pour laiffer les toiles dans le cu-vier après le coulage de la lef-five. On s'eft bien trouvé de les y laiffer refroidir & repofer pendant vingt - quatre heures. L'action lixivielle continue long - temps.

XXXVII.

A la fortie du cuvier les toiles font battues à la main ou au moulin. Le moulin doit avoir des maillets légers, des vaiffeaux petits, c'eft-à-dire propres à contenir 200 à 250 aunes de toiles en trois quarts de largeur & de moyenne force. L'office de ces maillets doit être de retourner les toiles pour les mieux préfenter au filet d'eau qui coule dans le vaiffeau, & de les preffer feulement affez pour en exprimer la leffive dont elles font

embues. Ces maillets & ces vaiffeaux doivent avoir la forme des
pilons & des piles à fouler les
draps , mais leur fervice eft dif-
férent. La chûte de nos maillets
doit fe faire par une direction
oblique, plus approchée de l'ho-
rifontale que de la perpendicu-
laire.

XXXVIII.

Les toiles dégorgées de leur
leffive doivent être étendues fur
les prés. Si elles n'y font pas at-
tachées de quelque maniere , le
vent les jettera les unes fur les
autres , les tortillera enfemble ;
alors elles blanchiffent inégale-
ment.

XXXIX.

On ne peut pas tenir les toiles
avec trop de propreté pendant
qu'on les blanchit. Il faut enle-

ver les dépouilles des arbres qui
tombent deſſus , les garantir des
pieds & des excréments des ani-
maux , & les nettoyer ſoigneu-
ſement de la boue qui ſe fixeroit
en quelques endroits & les em-
pêcheroit de blanchir.

X L.

Si on veut donner aux toiles
une légere nuance de bleu , il
faut employer le meilleur indigo,
le faire bien fondre & paſſer par
un tamis fin, pour le délayer par-
faitement dans ſuffiſante quantité
d'eau.

X L I.

La plûpart des Blanchiſſeurs
ignorent tout l'avantage qu'ils
pourroient retirer des leſſives qui
ont ſervi. Les ſels qui leur don-
noient de la force ſont devenus
inſenſibles, mais ils y ſont tou-

jours. Il ne s'agit que de faire *évaporer* ou diffiper l'eau. Les fels demeureront avec les parties graffes auxquelles ils fe feront réunis. Alors il n'y auroit qu'à faire paffer au feu ce marc, ou refte de la leffive; la graiffe, l'huile, la craffe fe diffiperoient, & on fe ferviroit des fels alcalis avec autant de fuccès que la premiere fois.

XLII.

Des Blanchiffeurs intelligents pourroient, fuivant le local de leurs atteliers, pratiquer avec profit des cuves d'évaporation, pour fuivre le confeil donné par le précédent article, d'après le Mémoire intitulé : *l'Art de fabriquer le Salin & la Potaffe, publié par ordre du Roi en 1779, pag. 50.*

F I N.